Mis primeras palabras científicas

Palabras para las plantas

Un libro de El Semillero de Crabtree

De Taylor Farley
y Pablo de la Vega

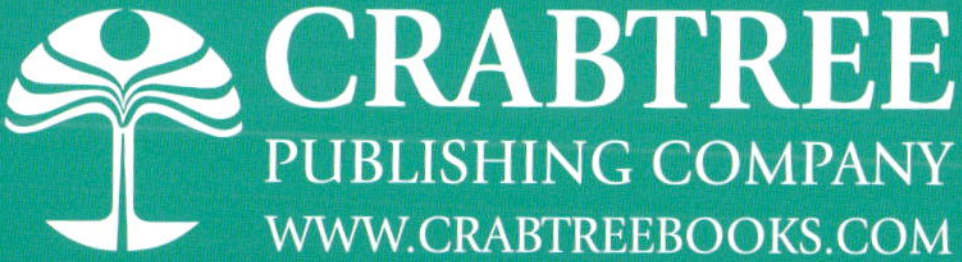

plantas

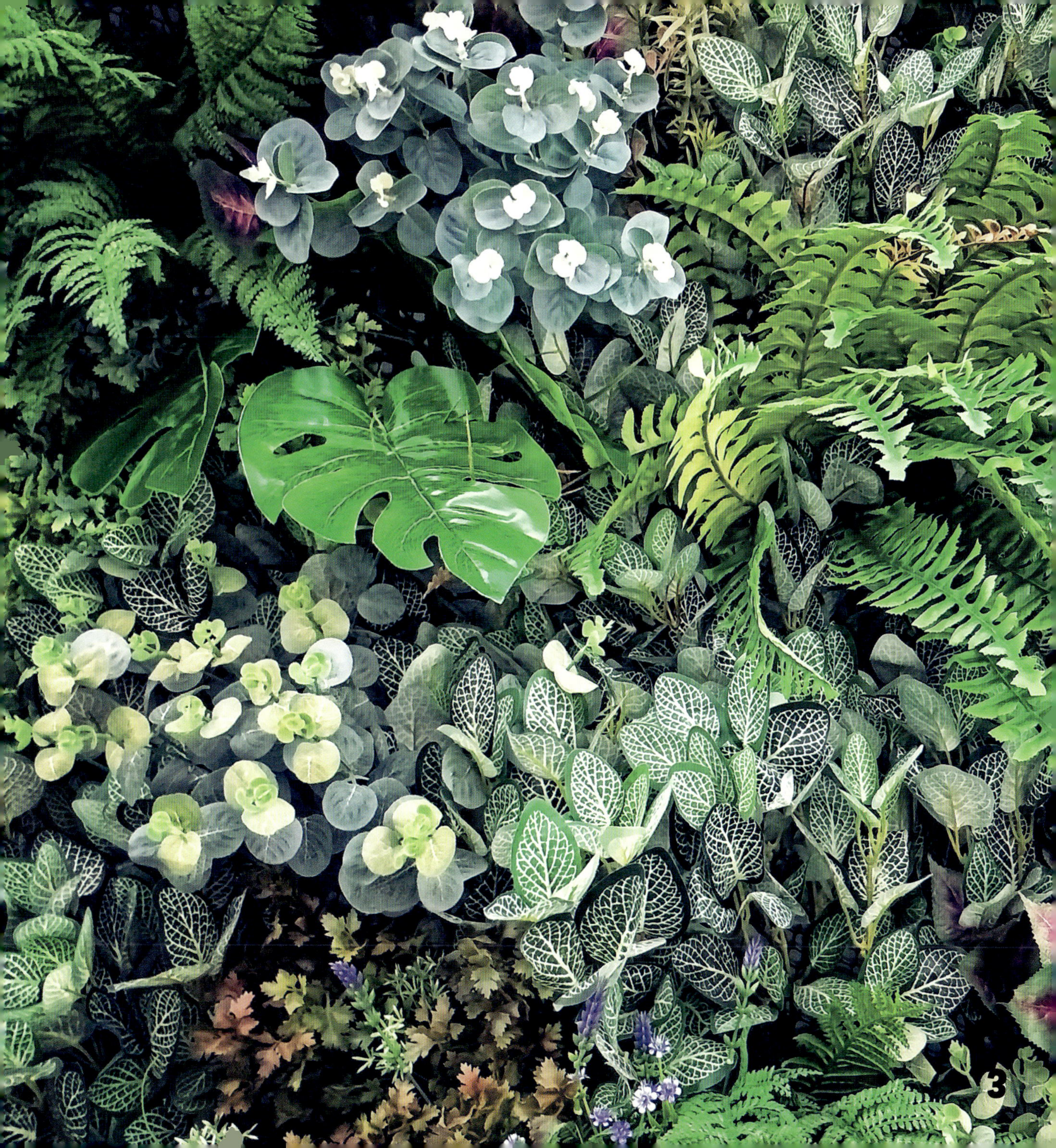
3

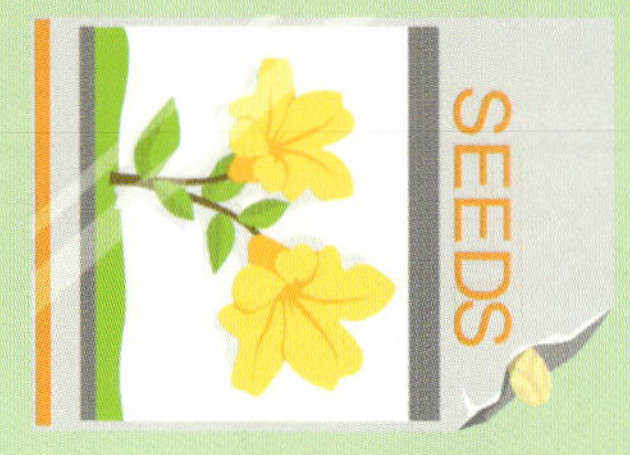

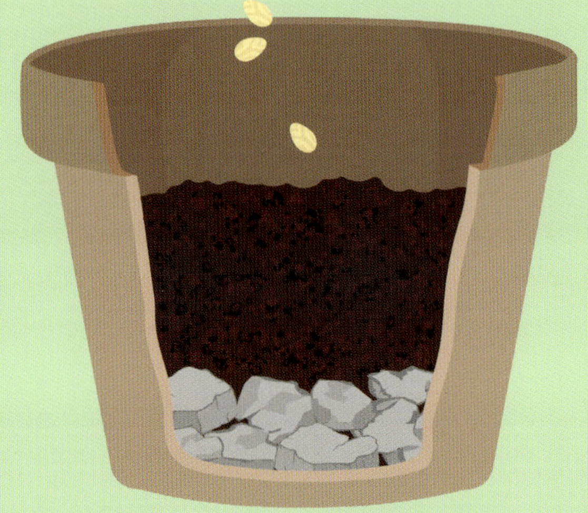

semillas

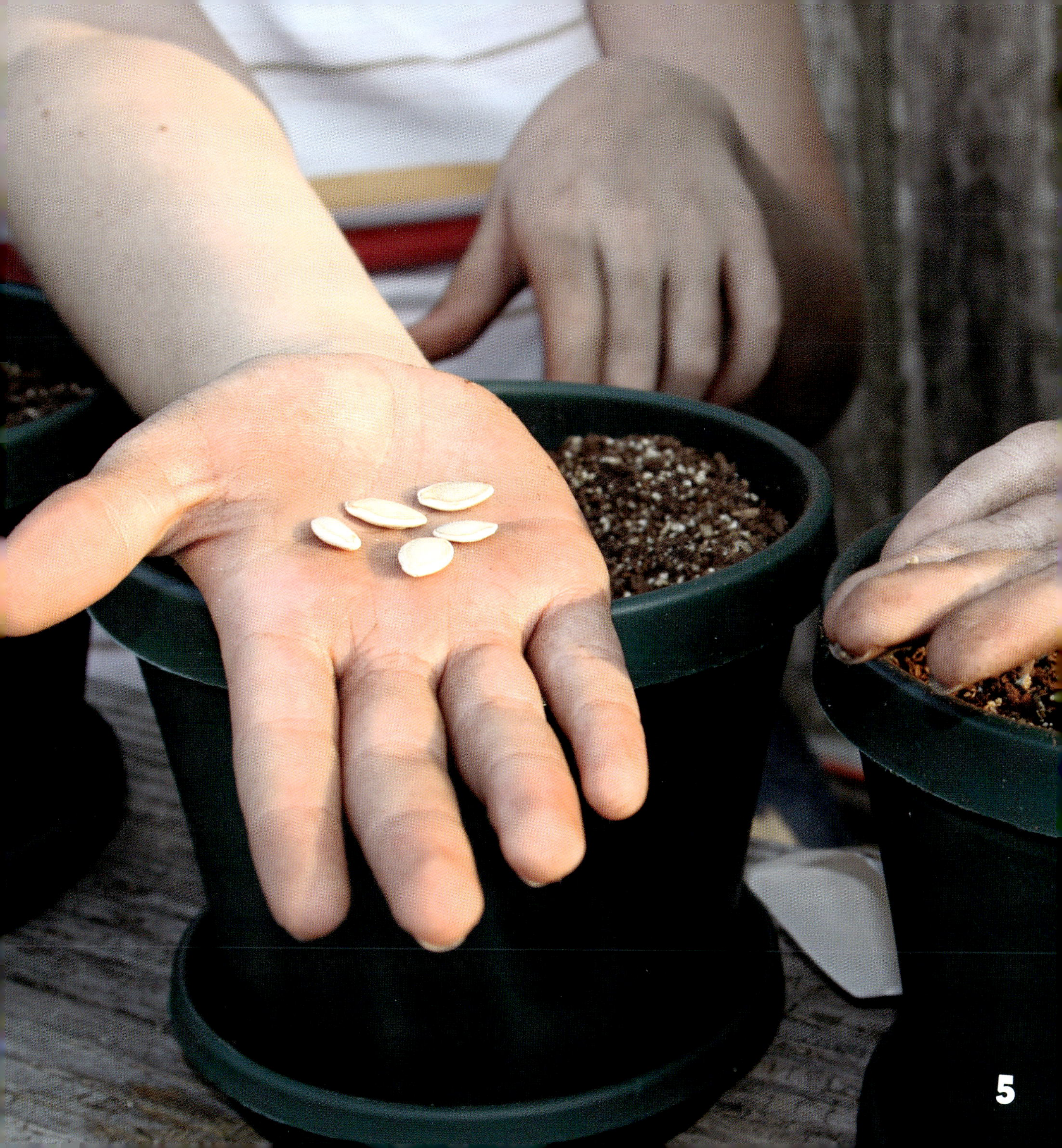

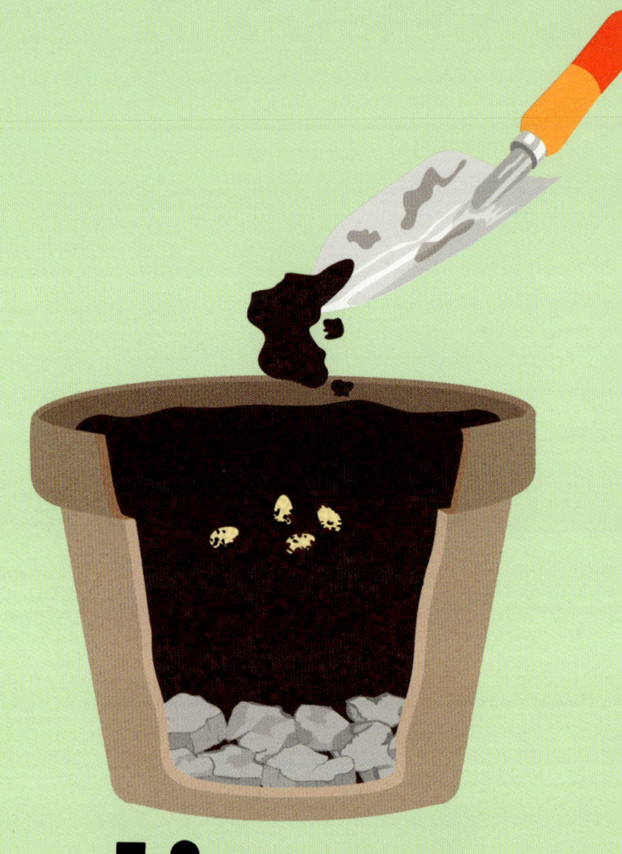

tierra

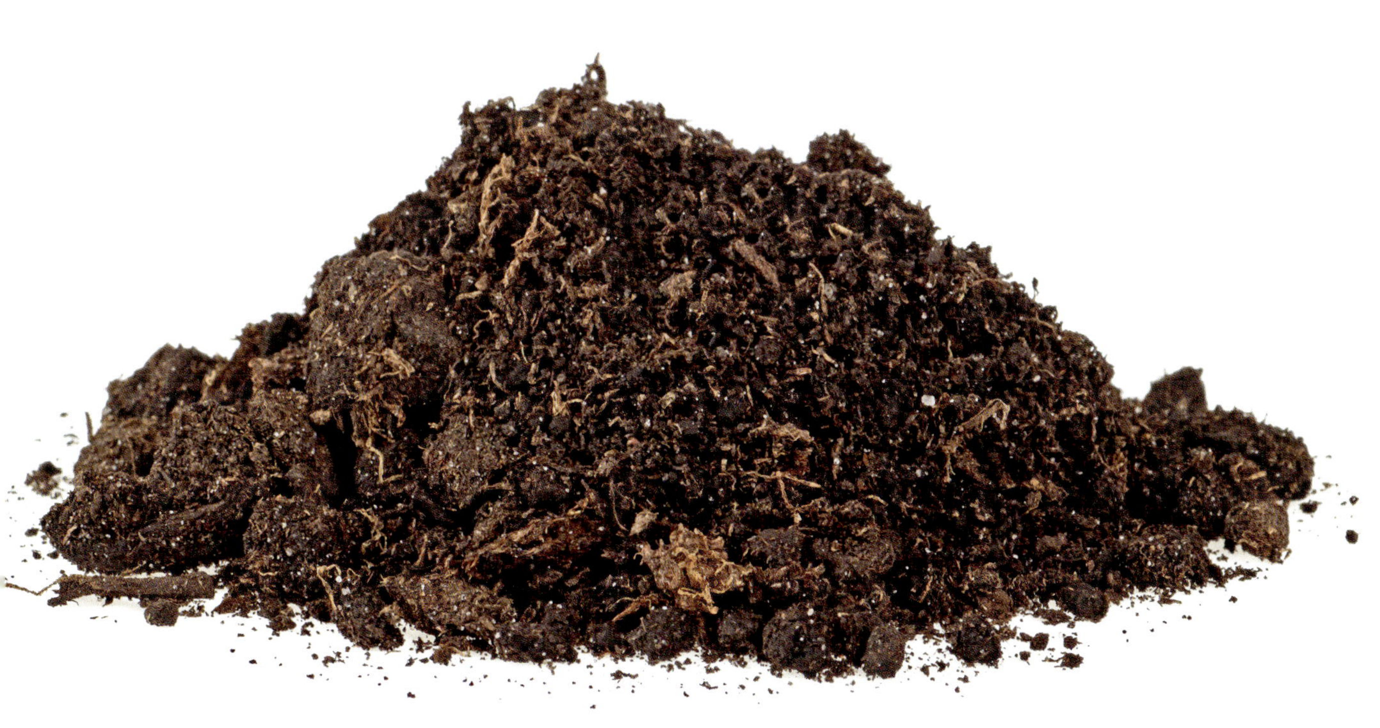

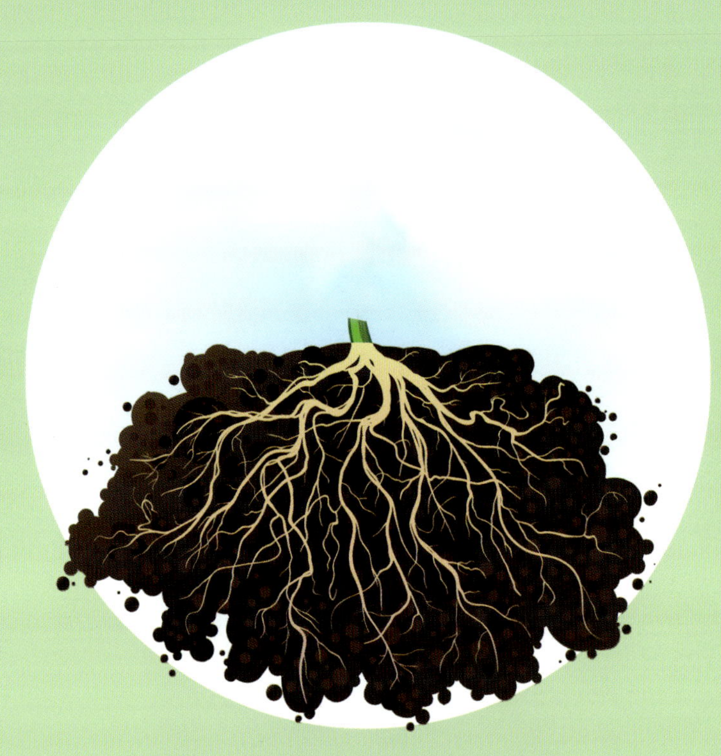

raíces

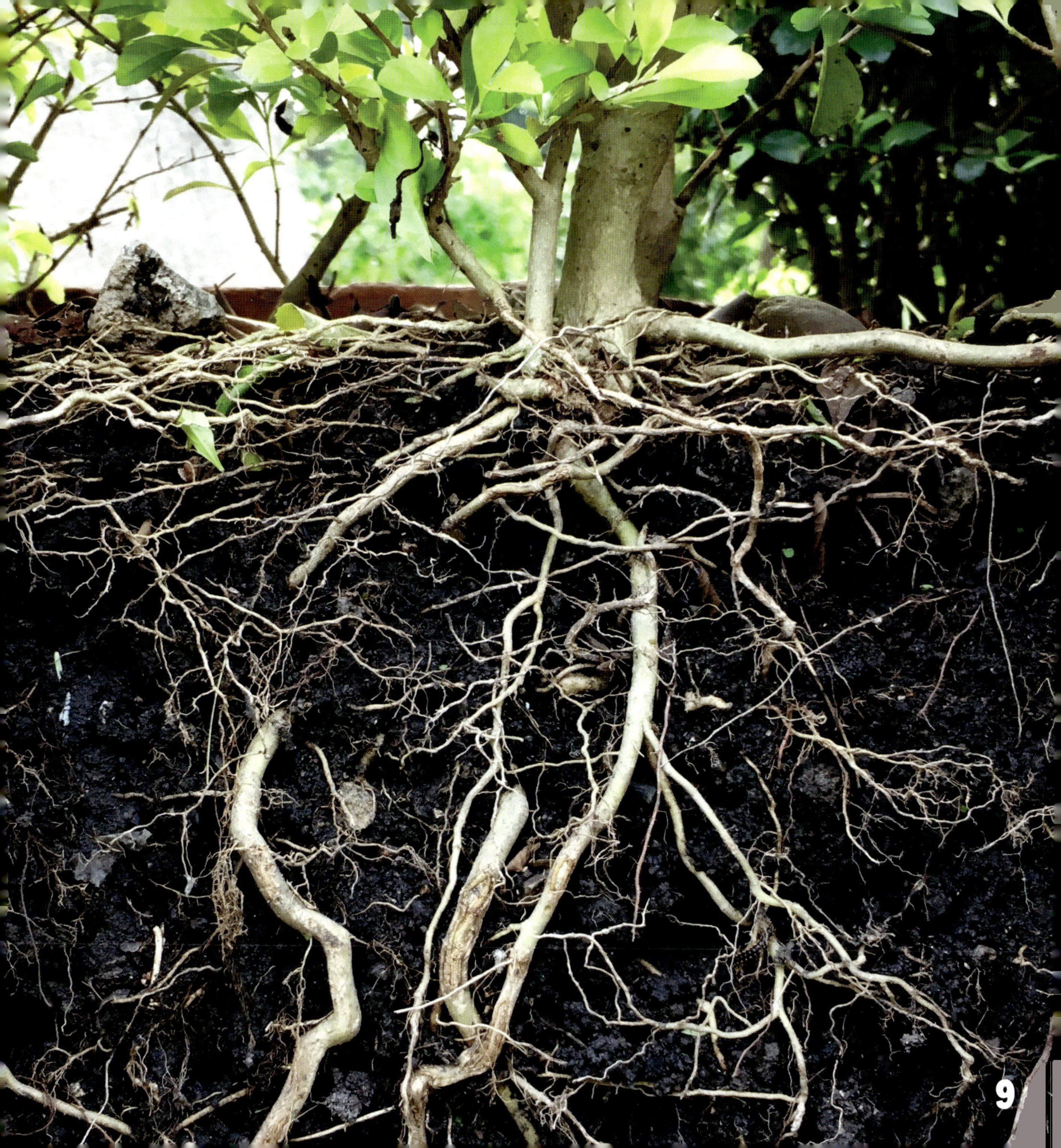

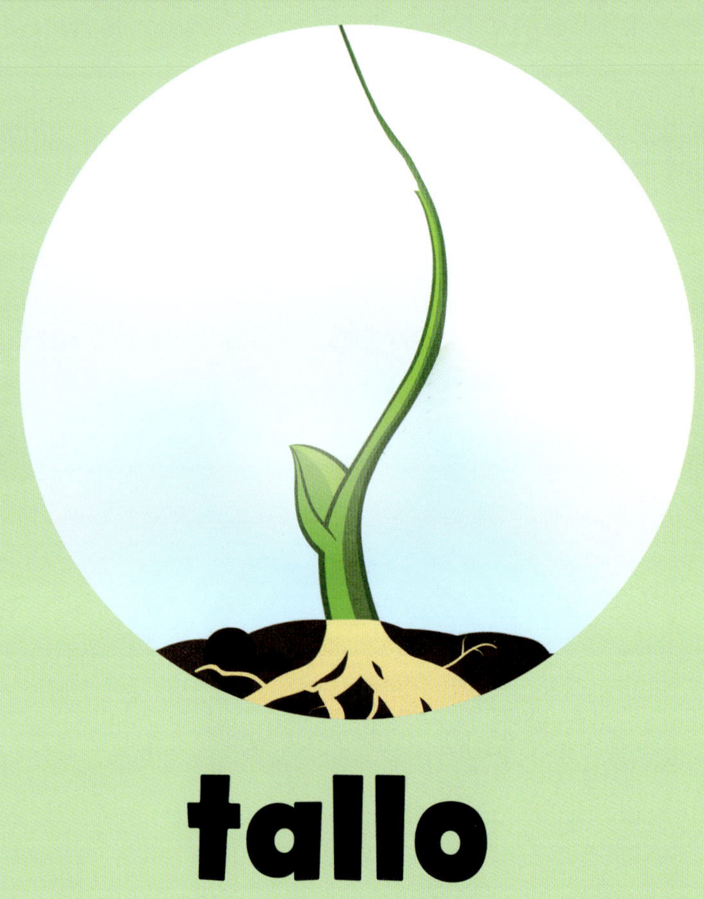

tallo

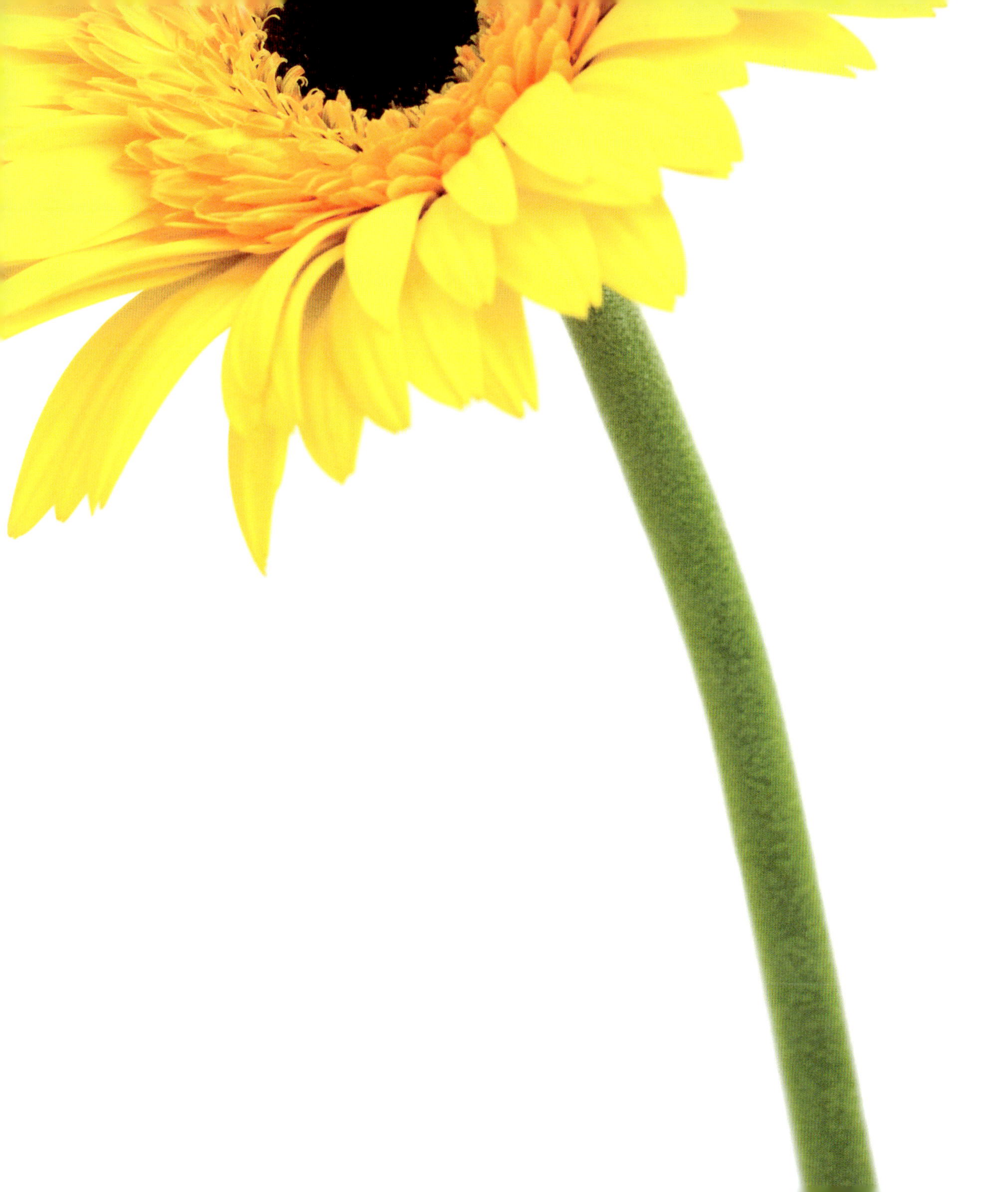

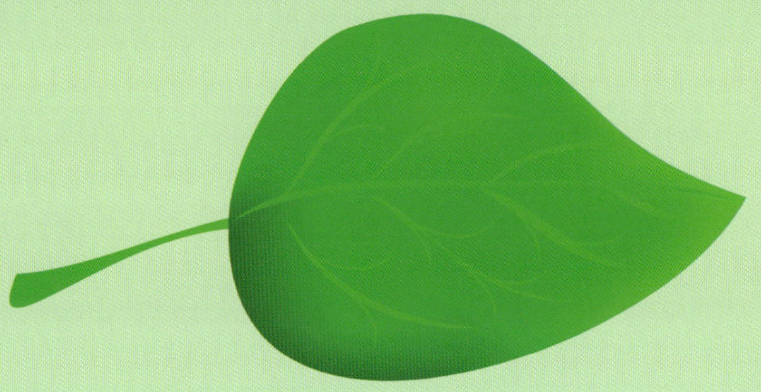

hoja

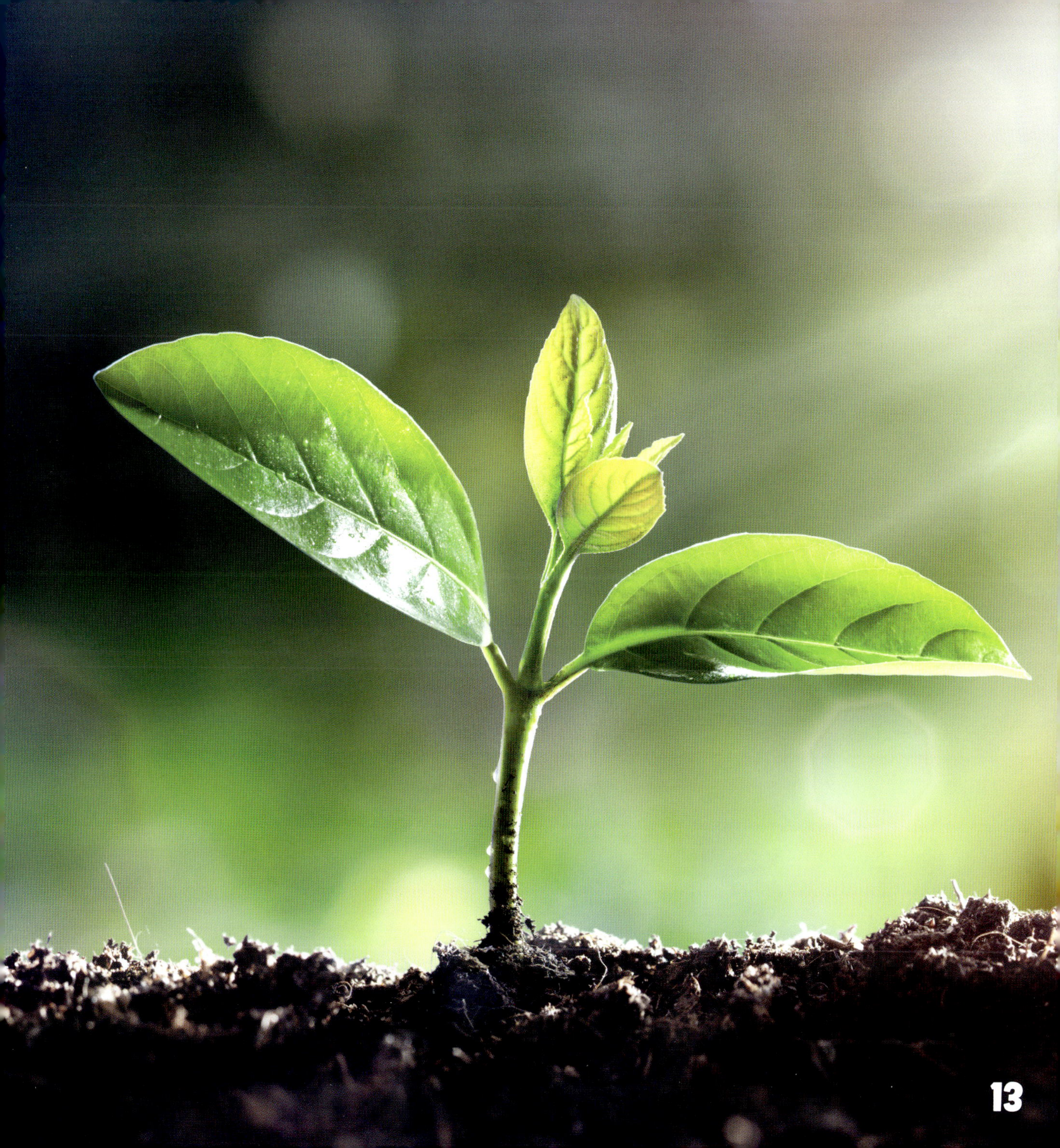

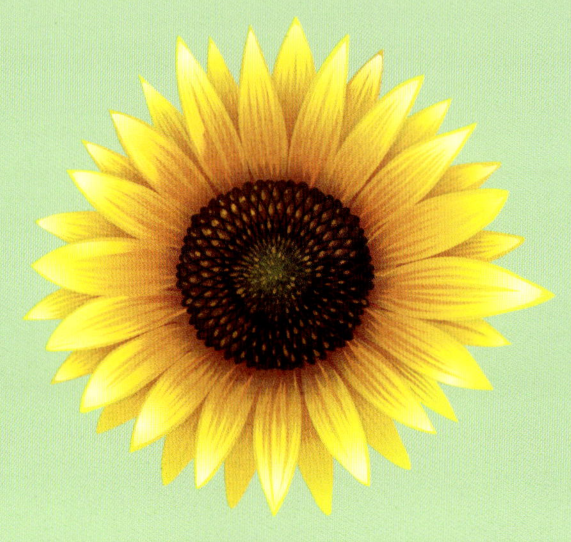

flor

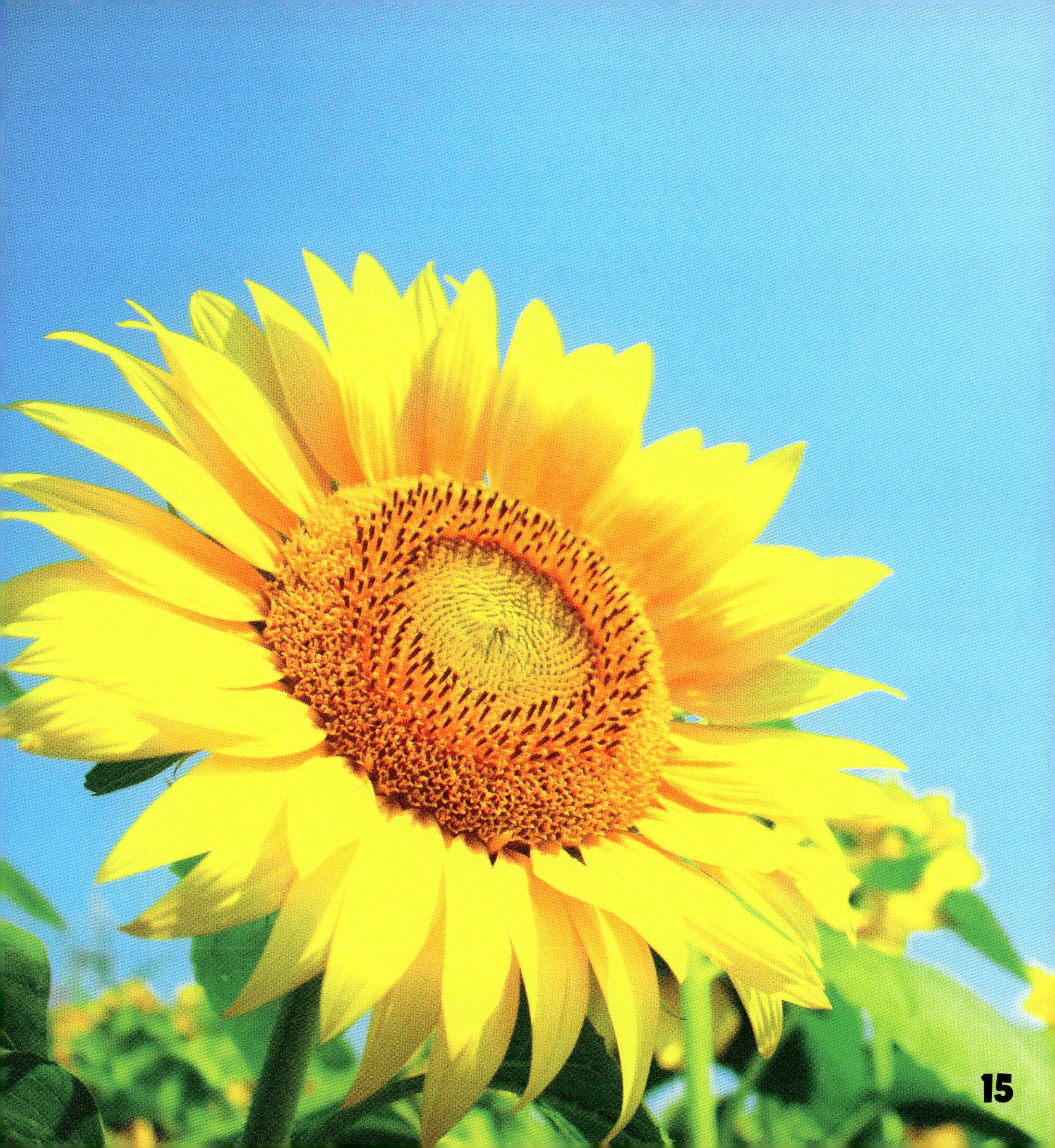

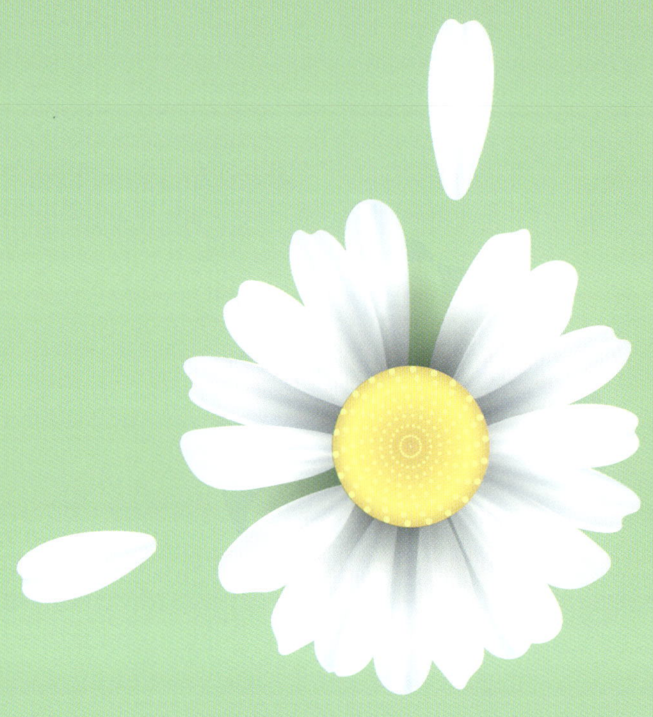

pétalo

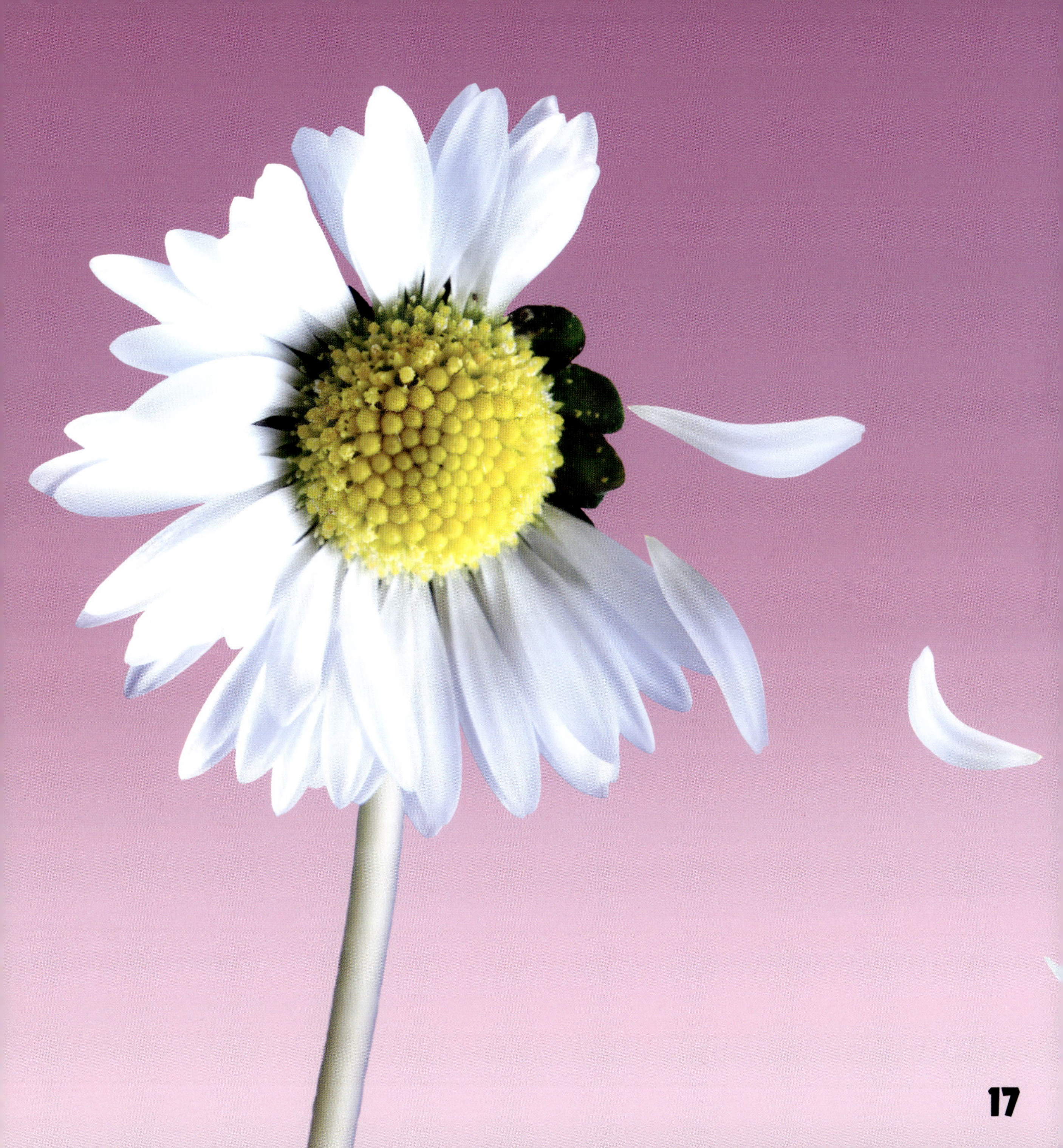